ARBEITSGEMEINSCHAFT FÜR FORSCHUNG DES LANDES NORDRHEIN-WESTFALEN

94. Vollsitzung
am 13. Januar 1960
in Düsseldorf

ARBEITSGEMEINSCHAFT FÜR FORSCHUNG
DES LANDES NORDRHEIN-WESTFALEN

HEFT 111

Sir Basil Schonland

Einige Gesichtspunkte über die friedlichen
Verwendungsmöglichkeiten der Atomenergie

Springer Fachmedien Wiesbaden GmbH

ISBN 978-3-322-98268-1   ISBN 978-3-322-98969-7 (eBook)
DOI 10.1007/978-3-322-98969-7

© 1962 Springer Fachmedien Wiesbaden

Ursprünglich erschienen bei Westdeutscher Verlag, Köln und Opladen 1962.

Einige Gesichtspunkte über die friedlichen Verwendungsmöglichkeiten der Atomenergie

Von Sir *Basil Schonland* C. B. E., F. R. S., Harwell

Zu Beginn meiner Ausführungen am heutigen Abend fühle ich mich verpflichtet, Ihnen zu sagen, daß es sich hierbei in keiner Weise um einen hochwissenschaftlichen Vortrag handeln wird. Die Themen, die ich hier behandeln möchte, nämlich die Entwicklung von Energie aus Kernspaltung, den derzeitigen Stand der Möglichkeiten der Energiegewinnung aus Kernverschmelzung sowie die Anwendungsmöglichkeiten von radioaktiven Isotopen, sind zu tiefgehend in ihrer theoretischen und experimentellen Problematik und zu weitgehend in ihren Auswirkungen hinsichtlich der Technik, des Ingenieurwesens, der Wirtschaftlichkeit, ja sogar der soziologischen Aspekte, als daß sie im einzelnen erörtert werden könnten. Was ich hoffe, tun zu können, ist, Ihr Interesse zu wecken an einigen allgemeinen Gesichtspunkten dieser friedlichen Anwendungsmöglichkeiten der Atomenergie durch eine Betrachtung ihres derzeitigen kritischen Entwicklungsstandes, von den kühnen Prophezeiungen des letzten Jahrzehnts, von den Hoffnungen und Überzeugungen des Wissenschaftlers bis zur praktischen Durchführung des Ingenieurs und Technikers.

Das erste zu behandelnde Problem ist die Erzeugung der Kernenergie. Über ihre endgültige Zukunft kann es überhaupt keinen Zweifel geben. Die britischen Anlagen in Calder Hall arbeiten seit mehreren Jahren zufriedenstellend, das U-Boot Nautilus hat den Pol unterfahren, und der Eisbrecher Lenin ist in See gestochen. Angemessen billiger Kerntreibstoff – Uran und Thorium – steht in größeren Mengen zur Verfügung, als noch vor wenigen Jahren für möglich gehalten wurde. Wenn auch die Vorkommen dieser hochgradig konzentrierten und brauchbaren Erze nicht über einen längeren Zeitraum ausreichen werden, so sind doch erheblich größere Bestände an etwas weniger brauchbaren oder geringer gradigen Erzen vorhanden. Diese Quellen dürften den Bedarf einer energiehungrigen Welt mehrere hundert Jahre lang decken.

Falls wir bis dahin nicht andere Möglichkeiten der Energieerzeugung ausfindig gemacht haben sollten, beispielsweise aus der Kernverschmelzung, dann gibt es ungeheure, fast unbegrenzte Reserven an Uran und Thorium in dem Granit-Muttergestein selbst.

Für die nächsten Jahrzehnte muß sich jedoch die Kernenergie für ihre Ausweitung auf die billigeren und zugänglicheren Erze stützen, und sie muß mit den herkömmlichen Brennstoffen, nämlich Öl und Kohle, in Wettbewerb treten.

Lassen Sie sich kurz an die Faktoren erinnern, die hierbei mitspielen.

Der Kernbrennstoff erzeugt Hitze, weil er zur Basis einer Kettenreaktion – von Neutronen entfesselt und unterhalten – gemacht werden kann; die Partikel der Neutronen können, weil sie ungeladen sind, leicht in einen Spaltkern eindringen und bewirken, daß dieser Kern in zwei annähernd gleiche Teile, die Spaltfragmente, zerbricht. Da der ursprüngliche schwere ungespaltene Kern, etwa aus Uran, mehr Energie in sich vereinigt, als für die getrennte Existenz zweier Kerne „mittleren Gewichts" notwendig ist, werden die Spaltfragmente mit beträchtlicher kinetischer Energie gebildet. So wird der Brennstoff erhitzt, und die Wärme kann abgeleitet und genutzt werden, um Dampf zu erzeugen und eine Turbine anzutreiben.

Eine Kettenreaktion ist möglich, weil zwei oder drei Neutronen als Nebenprodukte jedes Spaltvorganges erzeugt werden. Obwohl einige Neutronen auf verschiedene Weise verlorengehen – wozu auch der Verlust außerhalb des Brennstoffbereiches gehört – ist es möglich, eine Einrichtung – den sog. Reaktor – in entsprechender Weise und Größe zu entwickeln, damit gewährleistet ist, daß mindestens eines von den Spaltneutronen zur Erzeugung weiterer Spaltung verfügbar ist. Nur ein einziges *in der Natur* vorkommendes Material ermöglicht es, daß eine Spaltungs-Kettenreaktion zustande kommt, nämlich das Metall Uran, welches 0,7% eines hochgradig spaltbaren Isotops, U 235, enthält. Leider ist gerade nur soviel U 235 im Natur-Uran enthalten, daß es für einen Reaktor geeignet ist. Sein Begleiter U 238 fängt Neutronen hauptsächlich ohne Spaltung ein. Der Planer eines Natur-Uran-Reaktors muß daher in höchstem Maße darauf bedacht sein, mit der Verwendung der Materialien, die die Neutronen einfangen, sparsam zu sein. Das Ergebnis seiner Bemühungen ist zwangsläufig eine umfangreiche und wenig elegante Anlage.

Man sollte meinen, daß eine offensichtliche Verfeinerung darin besteht, das U 235 von dem unerwünschten U 238 zu trennen und es rein zu verwenden, aber diese Trennung ist kostspielig, da sie auf physikalischem Wege vorgenommen werden muß. Eine andere Möglichkeit wäre, die

Geschwindigkeit der Spaltneutronen im Reaktor zu verringern. Erst einmal freigelassen, bewegen sich Spaltneutronen sehr schnell, aber bei geringen sogenannten Thermalgeschwindigkeiten ist der Neutroneneinfang durch Kerne von Uran 238 weniger wichtig und kann hingenommen werden.

Aus diesen Gründen werden in nahezu allen Reaktoren (die sog. Schnellreaktoren bilden eine Ausnahme) die Neutronen aus dem Brennstoff durch Einführung eines Materials („Moderators") verlangsamt, ohne daß dieses Material einen unzulässigen Bruchteil der Neutronen einfängt.

Kohlenstoff in Form von gereinigtem Graphit ist ein guter und verhältnismäßig billiger, wenn auch sperriger Moderator. Schweres Wasser, das aus gewöhnlichem Wasser extrahiert werden kann, ist sehr gut und nicht in solcher Menge erforderlich, aber es ist teurer. Gewöhnliches Wasser ist ein sehr guter Moderator und erfordert wenig Raum, aber es fängt so viele Neutronen ein, daß es nicht mit Natur-Uran verwendet werden kann.

Einfangverluste können ausgeglichen werden, wenn der prozentuale Anteil des Uran 235 am Brennstoff gesteigert wird durch Anreicherung des natürlichen Materials mit Uran 235, das von anderen Beständen getrennt wird. Eine Anreicherung auf das Zweifache ist häufig ausreichend, verursacht aber entsprechende Kosten.

Die im Kernbrennstoff zurückgelassenen Spaltfragmente sind hochgradig radioaktiv. Das Uran wird deshalb aus Sicherheitsgründen in einem Metallbehälter aufbewahrt. Das Material des Behälters muß der ihn durchströmenden Hitze sowie der Ätzwirkung seiner Umgebung widerstehen können. Das Wasser kann unter diesen Umständen sehr ätzend sein. Aluminium und einige seiner Legierungen sind zwar grundsätzlich für solche Behälter geeignet, aber bei entsprechend hohen Temperaturen erweichen sie. Das Metall Beryllium ist in dieser Hinsicht besser. Wenn der Behälter mit heißem Wasser unter hohem Druck steht, ist eine Legierung aus Zirkon und Zinn als Behältermaterial sehr geeignet. Rostfreier Stahl hat zwar viele Vorteile – u. a. Festigkeit und Billigkeit –, fängt aber leicht Neutronen ein und verlangt daher eine besondere Anreicherung des Brennstoffs sowie sehr dünnwandige Behälter.

Die im Brennstoff erzeugte Wärme muß zur Verwendung außerhalb des Reaktors abgeleitet werden, und zwar durch wärmeextrahierende Mittel, auch „coolant" (Kühlmittel) genannt, die über die Behälter hinweg- und an ihnen vorbeiströmen. Gase wie Kohlendioxyd und Helium sind sehr geeignete Kühlmittel. Von Flüssigkeiten ist schweres Wasser geeignet, weil es kaum Neutronen einfängt.

Wenn man bereit ist, einen Sonderpreis für die Brennstoffanreicherung zu zahlen, steht eine weitaus größere Auswahl an Kühlmitteln zur Verfügung: gewöhnliches Wasser, Dampf, geschmolzene Wachse, Quecksilber, Wismut. Der Brennstoff selbst braucht nicht unbedingt Uranmetall zu sein; angereichertes Uranoxyd z. B. ist ein Material, das gegenüber dem Metall sogar viele Vorzüge aufweist. Andere interessante Abarten sind das Urankarbid, eine Suspension von Uran in schwerem Wasser, welche in dem niederländischen „Suspop"-Reaktor verwendet wird, Lösungen von Uransulphat in Wasser, und solche von Uranmetall in Wismut.

Selbstverständlich ist äußerste Zuverlässigkeit erforderlich. Wenn ein Kernreaktor einmal in Betrieb genommen ist, ist es wegen der Radioaktivität schwierig, im Innern des Reaktors notwendig werdende Reparaturen vorzunehmen. Sämtliche Reaktorwerkstoffe sind deshalb vorher komprimierten Haltbarkeitsproben in Materialerprobungsreaktoren zu unterziehen; denn die ihnen durch Neutronen- und Spaltfragment-Zusammenstöße vermittelte Energie kann manchmal ihre physikalischen und chemischen Eigenschaften verändern. In Großbritannien haben wir erhebliche Bemühungen darauf verwenden müssen, das Verhalten des Graphits unter lang anhaltendem Neutronenbeschuß zu studieren, um voll und ganz zu ergründen, was im Laufe der Zeit mit ihm geschieht, und um irgendwelche nachteiligen Veränderungen in seiner Struktur zu vermeiden. Das gleiche haben wir mit Stahl, mit Uranmetall und mit anderen Brennstoffen getan. Die beim Spaltvorgang erzeugten Neutronen werden mit sehr hohen Energien hervorgebracht, nämlich mit einer Durchschnittsenergie von zwei Millionen Elektronenvolt. Für die „Thermal"-Reaktoren muß diese Energie durch den Moderator auf einen Bruchteil von einem Elektronenvolt vermindert werden. Genaue Kenntnisse über die Einfang- und Bremseigenschaften und den Zustand der Materialien, in dem sie sich während und nach diesem Energieschwund befinden, sind für die Planung und den Betrieb des Reaktors von entscheidender Bedeutung. Ferner entstehen während der Verbrennung des Brennstoffs Plutonium 239 wie auch die höheren Isotope 240 und 241 und Spaltprodukte. Ihr Vorhandensein beeinflußt zutiefst den gesamten Ablauf des Verfahrens. Daher entsteht ein wachsendes Bedürfnis nach immer genaueren Werten der „Parameter" (genannt Querschnitte), die man verwenden kann, um die Wahrscheinlichkeit der verschiedenen Auswirkungen auf die Neutronen während ihres Durchgangs durch die Materialien in einem Reaktor – einschließlich solcher Materialien, die sich im Laufe der Zeit entwickeln – zahlenmäßig erfassen zu können.

Diese Querschnitte variieren auf sehr komplizierte Art mit den Energien der Neutronen.

All diese Messungen erfordern schwierige und umfangreiche Untersuchungen, bei denen Forscher aller fortgeschrittenen Nationen der Welt zusammenarbeiten. Ich vermag die Art dieser Untersuchungen an Hand eines neuen und, wie ich glaube, einzigartigen Versuchsgerätes zu veranschaulichen, das kürzlich in Harwell aufgestellt worden ist. Dieses Gerät, der sog. „Neutron-Booster", erzeugt mächtige Neutronenstöße von kurzer Dauer (etwa $\frac{1}{4}$ einer Mikrosekunde), die durch Vakuumröhren gehen und auf das zu prüfende Material treffen. Die Stöße werden durch Photo-Spaltung von einer subkritischen Masse U 235 entsandt, die mit Röntgenstrahlen aus einem 25-Millionen-Volt Elektronen-Linear-Beschleuniger mit einer Quecksilberanode beschossen wird.

Der Grund, weshalb die Zielräume an die Enden der – in einigen Fällen 200 Meter langen – Röhren gelegt werden, besteht darin, daß auf diese Weise Messungen der Querschnitte des Zielmaterials für Neutronen von sehr unterschiedlicher Geschwindigkeit vorgenommen werden können, die alle im Verlauf eines einzigen Stoßes entsandt werden.

Wenn die einem Stoß zugehörigen Neutronen die Röhre hinabwandern, werden sie auseinandergestreut, weil diejenigen mit größerer Energie sich schneller bewegen als die anderen. Daher können Messungen vorgenommen werden über das Verhalten von Neutronen mit verschiedenen Energien – von sehr hohen bis zu niedrigen Geschwindigkeiten –, indem man sie elektronisch registriert und mit den verschiedenen Eintreffzeiten der verschiedenen Teile des Stoßes in Verbindung bringt. Es handelt sich hierbei um sehr kurze Zeiten; so braucht ein 5000-Elektron-Volt-Neutron nur 50 Mikrosekunden, um 50 Meter zurückzulegen. Die elektronischen Stoppuhren, die bei der Flugzeitmethode verwendet werden, arbeiten mit einer Genauigkeit von einem Bruchteil einer Mikrosekunde. Die Messungen werden selbstverständlich wiederholt und über eine Reihe von Stößen zusammengefaßt. Die auf diese Weise erhaltenen zahlreichen Daten erfordern eine besondere Ausarbeitung mit Hilfe einer elektronischen Rechenmaschine.

Ich möchte nun einige Typen von Reaktoren streifen, die gebaut wurden oder noch im Bau sind. Für ein Unterseeboot, wie die amerikanische „Nautilus", sind die Kosten weniger wichtig als die Eignung im Einsatz. Der Reaktor muß imstande sein, beim Manövrieren des U-Bootes außergewöhnlichen Beschleunigungen standzuhalten. Da das Gewicht so gering wie möglich sein muß, aber dennoch ein Schutzmantel aus irgendeinem schweren Material um den Reaktor notwendig ist, um die Besatzung vor Radioaktivität zu schützen, ist eine gewisse Mindestgröße von vornherein gegeben. Bei den meisten U-Boot-Reaktoren wird gewöhnliches Wasser als Moderator benutzt und ein mit Uran 235 stark angereicherter Brennstoff verwandt. Die Brennelemente werden in Hülsen aus Zirkon oder rostfreiem Stahl eingeschlossen. Dieses Druckwasser-Reaktorverfahren findet auf dem russischen Eisbrecher „Lenin" Anwendung und wird ebenfalls bei dem amerikanischen Fahrgastschiff „Savannah" benutzt. Es wird ferner angewandt bei dem kleinen amerikanischen (transportablen) Heeres-Reaktor, der, in Teilstücke zerlegt, zu seinem Bestimmungsort geflogen werden kann. Es soll hier nicht behauptet werden, daß einer von diesen Reaktoren mit dem herkömmlichen Brennstoff, Öl oder Kohle, wirtschaftlich konkurrieren kann.

Wir haben in Großbritannien den größten Teil unserer Anstrengungen auf landgebundene Energieerzeugung konzentriert, und bei den zur Zeit im Bau befindlichen großen Kernenergiekraftwerken wird angestrebt, Energie zu Kosten zu erzeugen, die mit denen herkömmlicher Kraftwerke vergleichbar sind. Sie sind so entworfen, daß sie mit dem billigsten der Kernbrennstoffe, mit Natur-Uran, arbeiten, und wurden nach dem Vorbild der Anlagen in Calder Hall entwickelt. Der Brennstoff ist in einer Magnesiumlegierung verkapselt, das Kühlmittel ist Kohlendioxyd, der Moderator Graphit. Sie sind zwar sehr groß, aber ihre Brennstoffkosten sind gering, und deshalb sind sie für solche Kraftwerke sehr geeignet, die die Hauptlast der Stromversorgung tragen sollen.

Die Russen haben einige Kraftwerksreaktoren in Betrieb genommen, die Wasser als Kühlmittel, Stahl als Verkapselungsmaterial und Graphit als Moderator verwenden. Der Brennstoff muß angereichert werden.

Es gibt selbstverständlich noch viele andere Möglichkeiten. Der Wasserreaktor kann eine Form annehmen, bei der das Wasser gekocht und der Dampf im Reaktor überhitzt wird. Versuchs- oder Prototypreaktoren, die sich des Verfahrens mit angereichertem Brennstoff und kochendem Wasser bedienen, werden mit Erfolg betrieben, mehrere Exemplare werden zur Zeit in den Vereinigten Staaten gebaut. Man ist jetzt dabei, in Norwegen auf Grund eines Abkommens mit dem Europäischen Wirtschaftsrat, an dem Großbritannien und Deutschland beteiligt sind, einen kleinen Reaktor mit kochendem schwerem Wasser und Natururanbrennstoff für Prüfungsversuche zu entwickeln. Die Vereinigten Staaten haben umfangreiche Versuche mit einem angereicherten Reaktor durchgeführt, der geschmolzenes

Wachs als Kühlmittel und als Moderator verwendet, sowie mit einem anderen, bei dem flüssiges Natrium als Kühlmittel und Graphit als Moderator dient. Die Liste aller dieser Verfahren ist sehr lang.

Wir entwickeln jetzt in Großbritannien einen fortschrittlichen gasgekühlten Reaktor, der niedrigere Kosten je erzeugte Energieeinheit bietet und für Spitzenbelastungszeiten geeignet sein dürfte. Mit Kohlendioxydkühlung und Graphitmoderation wird bei diesem Verfahren leicht angereicherter Brennstoff, verkapselt in dünnem rostfreiem Stahl oder Beryllium, verwendet, um den Betrieb bei höheren Temperaturen und mit größerem Wirkungsgrad als bei den früheren Anlagen zu ermöglichen.

Im weiteren Verlauf dieses Weges wird zur Zeit die erste Stufe eines neuen gasgekühlten Hochtemperatur-Reaktors im Rahmen europäischer Zusammenarbeit in Winfrith Heath in Dorset entwickelt. Bei diesem „Drachen"-Projekt des Europäischen Wirtschaftsrates bilden Brennstoff, Moderator und Behälter miteinander ein Ganzes, weil dem Brennstoff U 235-Karbid in einer Hülse von undurchlässigem Graphit eingefügt wird. Für die ersten Versuche wird das Edelgas Helium als Kühlmittel dienen. Eine äußerst interessante Eigenart dieses Reaktors ist, daß der Brennstoff mit Thoriumkarbid gemischt wird.

Denn obgleich, wie ich schon sagte, Uran 235 der einzige in der Natur vorkommende Brennstoff für einen Kernreaktor ist, gibt es zwei andere wichtige spaltbare Elemente, die künstlich hergestellt werden können. In einem Falle ist das Ausgangs- oder das brutfähige Material das Uran 238 im Natur-Uran, im anderen Falle ist es Thorium 232. Das neue spaltbare Element, in das U 238 durch Neutroneneinfang verwandelt wird, ist Plutonium 239. In ähnlicher Weise wird Thorium 232 durch Neutroneneinfang zu Uran 233 verwandelt. Wenn somit ein Reaktor mit natürlichem Uran gespeist wird oder wenn sein Brennstoff Thorium enthält, werden einige seiner eingefangenen Neutronen brüten, d. h. sie werden neue Brennstoffvorräte bilden.

Obgleich andere Einschränkungen bestehen, ist dieses künstlich erzeugte spaltbare Material äußerst wertvoll, wenn es im Brennstoff verbleibt; denn in diesem Falle verlängert es die Zeit, die das Brennmaterial im Reaktor bleiben kann, ehe es herausgenommen werden muß, um die Spaltprodukte zu entfernen. Hierin liegt der Vorteil des Thorium 232 bei dem „Drachen"-Verfahren, welches das gebildete U 233 erst erzeugt und dann verbrennt.

Eine andere Art, dieses neue spaltbare Material anzuwenden, besteht darin, es rein oder nahezu rein in einem „Schnell"-Reaktor (d. h. ohne

Moderator) zu gebrauchen. Das Fehlen eines Moderators, erlaubt eine geringere Größe und einen verhältnismäßig niedrigen Kapitalaufwand für die Anlage. Das Verfahren ist besonders geeignet für die Verbrennung von Plutonium sowie für das Brüten von neuem Plutonium aus U 238.

Es hat jedoch schwierige technische Probleme, wie z.B. die Frage der in großer Menge abgegebenen Wärme je Volumeneinheit des engräumigen Reaktorkerns ist, die etwa 16 000 kW je Kubikfuß betragen kann. Es gibt Versuchs-Schnellreaktoren in Rußland, in den Vereinigten Staaten sowie in Dounreay in Schottland.

Dieser flüchtige Überblick über den derzeitigen Stand der Versuche auf dem Gebiete der Spaltenergie mag verwirrend erscheinen. In Wirklichkeit spiegelt er die Mannigfaltigkeit der Versuche wider, die verhältnismäßige Billigkeit des Kernbrennstoffs mit der Kompliziertheit und dem Kapitalaufwand für den Kernbrennofen in Einklang zu bringen.

Kein einzelnes Land kann es sich leisten, mehr als einige wenige der möglichen Reaktorverfahren zu erproben. Auch wenn man noch so viele Entwürfe auf dem Papier macht, so wird man doch die wahren Möglichkeiten jeglichen Verfahrens nur dann wirklich erkennen, wenn man eine große Anlage gebaut und in Betrieb genommen hat. Die von den verschiedenen Ländern durchgeführten, stark voneinander abweichenden Programme spiegeln die verhältnismäßige Dringlichkeit ihres Bedarfs an neuen Energiequellen, ihre unterschiedlichen Methoden der Einschätzung der Wirtschaftlichkeit der Kernenergie im Verhältnis zu herkömmlicher Energie, sowie in hohem Maße ihre Überzeugung von der Richtigkeit der Wahl ihres jeweiligen Verfahrens wider.

Ich möchte mich nun einer Methode der Benutzung von Kernenergie zuwenden, die sich noch im Laboratoriumsstadium befindet und über deren Gelingen man noch nicht so zuversichtlich sein kann – ich spreche von der Energie aus der Kernverschmelzung.

Auf der ganzen Welt ist man dabei, die Möglichkeiten der Gewinnung von Energie aus der Verschmelzung der leichteren Atomkerne statt aus der Spaltung der schwereren zu untersuchen. Wasserstoff (Masse 1), der mit dem leichtesten Atomkern von allen, ist leider nicht für eine Verwendung als Schmelzbrennstoff auf der Erde geeignet, obgleich er eine der Hauptenergiequellen auf der Sonne und den Sternen ist. Doch sind andere Atome, insbesondere Deuterium (Masse 2) und Tritium (Masse 3) mögliche Schmelzbrennstoffe. Der gesamte Schmelzenergiegehalt des Deuteriums in einer Gallone (4,54 l) Wasser entspricht dem, den man aus der Verbrennung von

300 Gallonen Benzin erlangt. Zu derzeitigen Preisen würde die Trennung dieser Menge Deuteriums nur einige Pence kosten. Tritium ist weniger leicht verfügbar, und wenn es auch, gemischt mit Deuterium, gut zu verwenden sein dürfte, ist es doch bisher nicht erprobt worden. Daraus ergibt sich, falls ein annehmbarer Wirkungsgrad von einem Deuterium-Schmelzreaktor erzielt werden könnte, daß Kosten- und Beschaffungsprobleme hinsichtlich des Brennstoffs nicht von Bedeutung sein würden. Erst muß jedoch bewiesen werden, daß ein derartiger Reaktor überhaupt betriebsfähig ist.

Die Kerne der Deuteriumatome weisen eine den Kernen der Uranatome entgegengesetzte Eigenschaft auf. Zwei Kerne des Deuteriums (H^2) haben mehr Masse als zur Bildung eines schwereren und komplizierteren Kerns (He^4) erforderlich wäre, falls sie eine Verbindung eingingen. Der Verlust an Masse entspricht der Bindungsenergie des sich daraus ergebenden Kerns. Wenn sie zur Verschmelzung gebracht werden könnten, würden sie diese Energiemenge freigeben.

Eine Verschmelzung kann eintreten, wenn sich die beiden Kerne bei einem Frontal-Zusammenstoß genügend annähern, worauf sie sich verbinden und entweder Helium (He^3) oder Tritium (H^3) bilden würden. Die überflüssige Energie wird von einem sich schnell bewegenden Fragment davongetragen, das nicht in dem Verschmelzungsvorgang „steckenbleibt", ein Neutron (n°) im ersten und ein Proton (H^1) im zweiten Falle. Diese beiden Verschmelzungsarten sind ungefähr gleich wahrscheinlich. Die Energie der Fragmente muß durch geeignete Vorkehrungen in elektrische Energie umgewandelt werden.

Die Schwierigkeit besteht darin, die beiden Deuteriumkerne genügend dicht aneinander zu bringen. Sie sind beide positiv geladen und stoßen sich heftig ab, wenn sie eng beieinander sind. Die Verschmelzung tritt bei einem Frontal-Zusammenstoß nur dann ein, wenn ihre kinetische Energie groß genug ist, um sie durch den Abstoßungsbereich (die sog. Coulomb-Schranke) zu einem inneren Anziehungsbereich (durch Gamow-Durchdringung) zu befördern. Die kinetische Energie, die geliefert werden muß, um eine merkliche Freigabe von Schmelzenergie einzuleiten, läßt sich als die Temperatur ausdrücken, bei der die meisten der Kerne eine ungeordnete „Thermal"-Bewegung der erforderlichen Geschwindigkeit haben. Diese Schwelle liegt bei zig Millionen Grad Celsius. Es gibt selbstverständlich Myriaden Zusammenstöße, die nicht frontal erfolgen und nicht zur Verschmelzung führen.

Hier stoßen wir auf eine Komplikation. Unter gewöhnlichen Umständen besteht das Deuterium-Gas nicht aus bloßen Kernen, sondern aus Atomen, in denen jeder Kern von einem einzigen orbitalen negativen Elektron umgeben ist. Bei den für eine Verschmelzung erforderlichen hohen Geschwindigkeiten werden die Elektronen von den zusammenstoßenden Kernen abgestreift. Der in Betracht zu ziehende Schmelzbrennstoff besteht somit nicht einfach aus Deuterium-Kernen, sondern aus einer Mischung aus positiv geladenen bloßen Kernen (Ionen) und negativen Elektronen in gleicher Zahl. Das hat einen Vorteil: Der Brennstoff ist ein guter Elektrizitätsleiter. Es hat aber auch einen großen Nachteil: Bei hohen Temperaturen bewegen sich die Elektronen auch mit hoher kinetischer Energie und verursachen Zusammenstöße, wobei sie durch Bremsstrahlung an Energie verlieren, in diesem Falle hauptsächlich als Röntgenstrahlen und als ultraviolettes Licht. Durch den Verlust an Energie werden sowohl die Elektronen als auch die Ionen abgekühlt. Sehr starke Verluste treten ein, wenn das Deuterium mit anderen, schwereren Gasen verunreinigt ist, selbst dann, wenn es sich nur um eine geringfügige Verunreinigung handelt.

Eine derartige Materie, die aus ganz oder nur teilweise abgestreiften Kernen und freien Elektronen besteht, nennt man „Plasma". Es weist viele eigentümliche Eigenschaften auf, die immer noch nicht völlig verstanden werden. Der Weg einer Blitzentladung ist ein Plasma, das elektrisch leitet und Elektronen sowie teilweise abgestreifte Ionen von Sauerstoff und Stickstoff bei einer „Temperatur" von etwa 10 000° C enthält. Die Erhitzung des Plasmas ist kein Selbstzweck; sie ist einfach ein Mittel, die Deuterium-Kerne auf die für den Verschmelzungszusammenstoß erforderlichen Geschwindigkeiten zu bringen. Die unmittelbare elektrische Erhitzung ist eine der angewandten Methoden, um diese Geschwindigkeit zu erreichen, und die gute elektrische Leitfähigkeit des Plasmas ermöglicht es, Ströme von 1 Million Ampère oder mehr durchzuleiten. Die Erhitzung braucht nur von kürzester Dauer zu sein, und in vielen gelungenen Versuchen hat sie nur wenige Millionstel Sekunden angehalten.

Eine zweite und sehr wirksame Methode der Erhitzung des Plasmas ist, wie ich später noch erklären werde, eine plötzliche Komprimierung.

Da aber die Temperatur ja nur Mittel zum Zweck ist, besteht eine dritte und in mancher Beziehung äußerst anziehende Methode darin, schnelle Deuterium-Kerne in einer äußeren Atomkanone, einem Partikel-Beschleuniger, zu beschleunigen und sie in den Behälter einzuführen, in dem die Verschmelzung stattfinden soll. Die Deuterium-Kerne können dann auch veranlaßt werden, als sehr schnelle Partikel, hohen Temperaturen entsprechend und in ausreichender Menge, aufzutreten. Es ist jedoch nicht einfach, sie hineinzubringen.

Ein Plasma läßt sich jedoch nicht in irgendeinem Gefäß, gleich welchen Materials, halten und stark erhitzen, es sei denn, daß man es in ausreichender Entfernung von den Wänden hält. Es muß so etwas wie ein entmaterialisierter Käfig geschaffen werden, der einen Druck nach innen ausübt. Bei allen bisher entwickelten Erfindungen nimmt dieser Käfig die Form der Anordnung von mächtigen Magnetfeldern an, die die Plasma-Ionen und Elektronen innerhalb eines Mittelraumes halten und sie zurückschicken, falls sie sich aus diesem Mittelraum hinausbewegen sollten.

Wie ich bereits ausführte, stößt die Methode der Vorwärmung außerhalb und der Feuerung von schnellen Kernen in den Behälter hinein auf Schwierigkeiten; der magnetische Käfig wird die Kerne entweder zurückschicken oder wieder hinauslassen. Sie müssen daher vorübergehend getarnt werden, um ihren Einlaß zu ermöglichen. Es gibt mehrere Möglichkeiten, dies zu tun; eine besteht darin, die Kerne durch eine Vorkammer zu feuern, die langsame Elektronen enthält, so daß die sich daraus ergebenden schnellen neutralen Atome durch den Käfig hindurchgehen. Eine andere Möglichkeit ergibt sich dadurch, daß die Kerne durch den Zusammenstoß mit schnellen Elektronen abgestreift und wieder zu bloßen Kernen werden.

Die einfachste Form eines magnetischen Käfigs wird durch den Strom selbst erzeugt, indem er durch das Plasma fließt und es erhitzt (sog. Pinch-Effekt, in Zeta in Harwell und auch an anderen Stellen angewandt; Sceptre in Großbritannien, Perhapsatron in den USA). Der Strom erzeugt um das leitende Gas herum ein magnetisches Feld, das man mit dem Schlauch eines Reifens vergleichen kann und das auf das Plasma drückt, bis es die Form einer inneren ringförmigen Entladung von einem Radius von nur etwa der Hälfte des Haupt-Toroidal-Behälters annimmt.

Leider gelingt es mit dieser Pinch-Methode allein nicht, die Entladung ausreichend lange von den Wänden zu isolieren. Das zusammengezogene Plasma ist labil, und kleine Windungen entwickeln sich schnell zu recht großen. Aus diesem Grunde muß man der ZETA-Entladung durch ein ringförmiges magnetisches Feld ein „Rückgrat" geben. Dies geschieht durch einen äußeren Strom, der durch Spulen fließt, die an der Außenseite des Torus gewickelt sind.

Bei der in Princeton in den Vereinigten Staaten entwickelten Stellarator-Maschine bedient man sich bei dem magnetischen Käfigverfahren geschickt angelegter magnetischer Felder, die zu durchbrechen den sich schnell

bewegenden Ionen und Elektronen unmöglich sein dürfte. Sie umfassen
das Plasma wie die Umhüllung einer Mumie.

Eine andere Form des magnetischen Käfigs, die in den Vereinigten
Staaten und in Rußland entwickelt wurde und im Vereinigten Königreich
zur Zeit geprüft wird, verwendet besonders mächtige magnetische Felder,
die sich mehr auf Stärke als auf Finesse stützen. Auch sie werden durch
äußere stromführende Spulen erzeugt und sind so stark und so gestaltet,
daß der größte Teil der Plasmapartikeln, die sich zu der Wand hin bewegen,
zurückgeschickt wird; deshalb werden sie auch als „magnetische Spiegel"
oder „magnetische Flaschen" bezeichnet. Durch plötzliche Vermehrung
der Felder ziehen sich die Wände des Käfigs zusammen, und das Plasma
wird in wenigen Millionstel Sekunden komprimiert und auf eine hohe
Temperatur erhitzt. Magnetische Felder dieses Ausmaßes und solcher
Stärke erfordern einen derart hohen Aufwand an elektrischer Energie für
ihre Versorgung, daß es selbst im derzeitigen Stadium den Anschein hat,
daß sie immer unwirtschaftlich sein werden, es sei denn, daß die Spulen
hierfür aus Material wie Aluminium oder Natrium, eingetaucht in flüssigen
Wasserstoff, hergestellt werden können, um ihre Leitfähigkeit zu erhöhen.

Doch hat es sich tatsächlich als überaus schwierig erwiesen, das Plasma
lange genug festzuhalten, um es auf die erforderliche Temperatur zu
erhitzen. Bei sämtlichen bisher erprobten Verfahren geht der größte Teil der
zur Erwärmung des Plasmas eingebrachten Energie äußerst schnell ver-
loren, und es bleibt nur ein kleiner Bruchteil als Wärme erhalten. Örtliche
Störungen und Schwingungen im Plasma, Wirbel oder sonstige Einflüsse
und Vorgänge, wie etwa an ihm entlangziehende Wellen, führen zum Leck-
werden oder verursachen, daß sich die Elektronen äußerst schnell entfernen,
die dann imstande sind, dem magnetischen Kraftfeld zu entweichen und die
Wände zu erreichen. Bei Zeta und Sceptre beträgt die Elektronentempera-
tur – der Index der Durchschnittsenergie der Elektronen im Plasma –, obgleich hunderttausend Grad Celsius, doch nur ein Zehntel der Ionen-Tem-
peratur. Abgesehen von Entweich-Mechanismen besteht auch ein gewisser
Beweis für eine Kühlung durch einen Mechanismus, der eine intensive
Hochfrequenz- oder Mikrowellenausstrahlung auslöst. Ursachen und Aus-
maß all dieser Auswirkungen werden zur Zeit in vielen Ländern, auch in
Deutschland, eingehend geprüft. Es bedarf geduldiger und zeitraubender
Arbeit, den Grad der Bändigung des Plasmas sowie die Ursachen der
übermäßigen Abkühlung desselben durch Ausstrahlung zu untersuchen.
Man muß noch vieles über die grundlegenden Vorgänge, die sich im heißen

Plasma abspielen, in Erfahrung bringen. Nachdem es gelungen ist, die Substanz der Sonne in ein Laboratorium auf der Erde zu bringen, ist es vielleicht nicht überraschend, daß sie sich nicht länger als ein paar Millionstel einer Sekunde einfangen läßt und daß Wirbel, Flecken und Protuberanzen eine zusätzliche Strahlung verursachen wie auch schnelle Elektronen, ja sogar Strahlen des Plasmas, um den Kontrollen zu entgehen, von denen man geglaubt hatte, daß sie sie würden bändigen können.

Neue Untersuchungen an Zeta- und „Pinch"-Geräten verschiedener Formen haben dazu geführt, daß vorgeschlagen wurde, einen neuen Versuch in einer „stabilen Einschließung" (stable containment) zu unternehmen, der zur Zeit vorbereitet wird. Die Ausrüstung hierfür wird gegenwärtig in Harwell entworfen, wo seit einigen Jahren vorbereitende Versuchsarbeit geleistet wird; die Ausführung wird in einer nahe gelegenen neuen Arbeitsstätte erfolgen. Es wird erwartet, zu neuen Erkenntnissen, nicht aber zu einem „Durchbruch" zu gelangen.

Inzwischen macht die Entwicklung des „Spiegel"-Typs des Behälters in den Vereinigten Staaten, in Großbritannien und in Rußland rasche Fortschritte, dabei werden noch verfeinerte und kompliziertere Vorrichtungen zur Erhitzung und Festhaltung des Plasmas ausgearbeitet. Alle drei Länder sind an der Methode einer äußeren Beschleunigung der Kerne bei weiterer innerer Erhitzung durch plötzliche Komprimierung des magnetischen Kraftfeldes interessiert.

Es bleibt zu hoffen, daß der eine oder der andere dieser Versuche, das Problem zu lösen, schließlich die Schwelle überschreiten und den überzeugenden Beweis einer wirklichen kontrollierten Verschmelzung erbringen wird. Dies würde jedoch nur den Abschluß des ersten Stadiums einer möglicherweise langen Entwicklung darstellen. Die nächste und äußerst schwierige Stufe wird darin bestehen, die Temperatur noch weiter und ausreichend lange zu steigern, damit die Kerne dergestalt reagieren, daß sie durch Verschmelzung soviel Energie erzeugen, wie durch Ausstrahlung aller Art dem heißen System verlorengeht. Bei einem Gemisch aus Deuterium und Tritium wird diese „Zündungs"-Temperatur auf 45 Millionen Grad Celsius berechnet, für Deuterium allein beträgt sie 400 Millionen Grad. Theoretisch muß der Vorgang bei den für Gas praktisch erreichbaren Dichten etwa eine Sekunde währen. Schließlich muß dann die Entwicklung bis zu dem Punkt weitergeführt werden, an dem das Verfahren einen reinen Energiegewinn erbringt. Die durch Verschmelzung erzielte Energie muß nicht nur die Strahlungs- und sonstigen Verluste übersteigen, sondern auch

die durch alle übrigen dazugehörigen Einrichtungen – insbesondere die
Elektromagneten – benötigte Energie.

Es ist daher nicht möglich, vorauszusagen, ob eine wirtschaftliche Lösung
der Frage der Verwendung elektrischer Energie aus der Verschmelzung
erzielbar sein wird. Nach den jetzt vorliegenden Unterlagen wird noch
eine erhebliche Zeit vergehen, bis sich hierüber ein Urteil bilden läßt.

Ich möchte noch kurz das Gebiet einer sehr wichtigen friedlichen Anwendung der durch die Atomenergie verfügbar gewordenen Neutronen
streifen, nämlich das der Erzeugung von Radio-Isotopen. Diese radioaktiven
Elemente, erzeugt durch die Reaktion von Neutronen mit ausgewählten
Materialien, die für diesen Zweck in die Reaktoren eingesetzt werden,
haben, wie Ihnen bekannt sein wird, umwälzend neues Werkzeug für die
Forschung auf dem Gebiet der Biologie sowie für die medizinische Be-
handlung geschaffen. Angewandt bei der Überwachung von Maschinen und
bei Messungen allgemeiner Art, helfen sie der Industrie ganz erhebliche
Geldbeträge einsparen. Für Großbritannien beläuft sich der eingesparte
Betrag auf mindestens drei Millionen Pfund im Jahr.

Der Bereich der Anwendungsmöglichkeiten für Radioisotopen ist zu
groß, als daß ich ihn hier beschreiben könnte. Doch möchte ich eine heraus-
greifen, über die Sie vielleicht noch nichts gehört haben. Kobalt 60, das
durch den Einfang eines Neutrons durch gewöhnliches Kobalt 59 gebildet
wird und eine Halbwertzeit von etwa fünf Jahren aufweist, ist ein sehr
bekannter Entsender von durchdringenden Gamma-Strahlen. Neben
anderen Verwendungsmöglichkeiten, für die diese Strahlen in Betracht
kommen, verwendet man sie, um Bakterien abzutöten; sie sind somit für
Sterilisationszwecke äußerst nützlich. Bei dieser Verwendung weisen sie
die besonderen Vorteile auf, daß sie jedes Verpackungsmaterial und die in
ihm enthaltenen Gegenstände durchdringen, ohne einen merklichen
Temperaturanstieg zu verursachen. Hierdurch wird die Auswahl von
Materialien für medizinische Ausstattung, die sterilisiert werden müssen, auf
die billigen Thermo-Kunststoffe ausgedehnt. Es ist hiermit die Möglichkeit
gegeben, medizinische Bedarfsartikel für einmaligen Gebrauch zu entwickeln. Besonders für Krankenhäuser, in denen Übertragungsinfektionen
nur allzu verbreitet sind, birgt dies offensichtlich Vorteile.

Seit einigen Monaten werden in Harwell wöchentlich 10 000 Katheter
mit Gamma-Strahlen aus den Spaltprodukten verbrauchter Brennstoff-
elemente sterilisiert. In unserer Strahlungs-Versuchsanstalt in Wantage
wird jetzt eine Versuchsanlage für gewerbliche Sterilisation in Betrieb

genommen. Ihre anfängliche Beschickung mit Kobalt 60 beträgt 150 000 Curie, welche später auf 500 000 Curie erhöht werden wird. 80% der Leistung dieser Anlage stehen zur Verfügung und werden von Herstellern für umfangreiche Experimente und klinische Versuche genutzt. Eine Anzahl britischer Firmen ist mit ihren Plänen für die Verwendung der Gamma-strahlen-Sterilisation bereits gut vorangekommen.

Man denkt hierbei auch an eine Anwendung auf die Sterilisation von Rohstoffen, etwa von tierischen Fasern. Ein Hersteller in Australien hat eine Anlage zur Sterilisierung von Ziegenhaar mit 150 000 Curie an Kobalt 60 errichtet. Dort wird Ziegenhaar sterilisiert, ehe es zur Herstellung von Teppichen verwendet wird.

Die herkömmlichen Methoden der Sterilisation durch Dampf und Formaldehyd machen es erforderlich, daß die Haarballen aufgebrochen werden, ehe die Sterilisation vorgenommen wird, wobei die Möglichkeit der Ansteckung durch Staub besteht.

Dies ist jedoch nur eine der vielen Anwendungsmöglichkeiten der Atomenergie, die gegen einige ihrer Risiken und Gefahren gewogen werden müssen.

Mit diesem Beispiel komme ich zum Schluß meiner, wie ich fürchte, sehr unvollständigen Übersicht über die friedlichen Anwendungsmöglich-keiten der Atomenergie, nämlich der Kernspaltung, der Kernverschmelzung und der Radioisotopen. Die Geschichte bietet keine Parallele für die Schnelligkeit, mit der sich diese erregende Sache entfaltet, eine Angelegen-heit, die mit jedem Jahr an Interesse und Reichweite gewinnt.

Diskussion

Professor Dr.-Ing. Wilhelm Fucks

Herr Dr. *Schonland*, wir sind Ihnen für die Übersicht, die Sie uns gegeben haben, sehr dankbar. Als wir in der Niederschrift Ihres Vortrags sahen, daß sie auch über Fusion sprechen würden, waren wir besonders interessiert daran, was Sie über die Schwierigkeiten, die hier entstanden sind, von Ihrer Sicht aus bemerken würden. Ihr Hinweis darauf, daß es verwunderlich ist, daß man nicht von Anfang an im Hinblick etwa auf das Plasma in den Sternen mit einem unruhigen und nicht einem quiescent-Plasma gerechnet hat, erscheint sehr berechtigt. Die Mitglieder der Arbeitsgemeinschaft wird es vielleicht interessieren, daß man eine Reihe von Jahren glaubte, bei der Planung von Experimenten, mit deren Hilfe man Plasmen von hohen Temperaturen und hohen Dichten auf lange Zeit magnetisch einschließen wollte, von einem bestimmten Modell ausgehen zu können, das etwas summarisch als ein „ruhiges Plasma" gekennzeichnet wird. Wir stellen uns darunter eine kompressible, elektrisch leitende, aber elektrisch neutrale Flüssigkeit vor. Eine Anzahl von Gleichungen, die ein solches Gebilde beschreiben, wird zusammenfassend als Hydromagnetik oder Magnetohydrodynamik bezeichnet. Von diesen theoretischen Vorstellungen ausgehend, ist eine Reihe von Experimenten zum Teil großen Stils durchgeführt worden. Die Erfahrungen, die man dabei gemacht hat, lassen sich in zwei Gruppen ordnen: Die Einschließungsdauern der Plasmen erwiesen sich zunächst als begrenzt durch Instabilitäten des Plasmas, die man theoretisch mit dem erwähnten Modell aufklären konnte und die man auch einigermaßen zu beherrschen lernte. Aber auch, wenn man alle Vorkehrungen, diese sogenannten hydromagnetischen Instabilitäten zu verhindern, anwandte, insbesondere auch durch die von Herrn *Schonland* erwähnte subtilste Methode, die in Princeton entwickelt worden ist, so erhielt man speziell auch bei den Stellarator-Experimenten in Princeton nicht die erwarteten Einschließungsdauern. Dabei waren die Abweichungen erheblich, so daß beispielsweise bei einigen besonders charakteristischen Experimenten die Einschließungszeiten rund 3–4 Zehnerpotenzen im Experiment kürzer ausfielen als sie die hydromagnetische Theorie erwarten ließ. Man ist durch diese und andere Versuche mit entsprechenden Resultaten bereits seit der Genfer Konferenz sich darüber im klaren, daß das bisher betrachtete Plasma-Modell wichtige Züge im physikalischen Verhalten des Plasmas nicht enthält. Die verschiedenen Arbeitsgruppen in der Welt sind nun dabei, neue Modelle zu studieren, mit denen man hofft, der Erfahrung besser gerecht werden zu können.

Dr. Hermann L. Jordan

Die Methode zur Erzeugung von Plasma hoher Temperaturen, für die wir uns in Aachen speziell interessieren, hat Herr Dr. *Schonland* in seinem Vortrag bereits erwähnt. Es handelt sich dabei um die schnelle magnetische Kompression von Plasma unter Anwendung extrem hoher magnetischer Felder (einige 100 kGauß) mit sehr kurzen Anstiegszeiten (Größenordnung Mikrosekunden). Bei dieser Methode wird mit einer Vorentladung ionisiertes Gas durch ein sehr rasch ansteigendes äußeres axiales Magnetfeld mit Überschallgeschwindigkeit auf eine hohe Dichte komprimiert. Das mit der magnetischen Flußänderung gekoppelte azimutale elektrische Feld erzeugt in dem Gas eine stromstarke elektrische Entladung, die nach der Zündung das Eindringen des Magnetfeldes in das Plasma verhindert. Bei dem Kompressionsvorgang entstehen im Plasma starke Stoßwellen, die die vollkommene Ionisation bewirken.

In dem komprimierten Zustand wird die Energie der Stoßwellen in thermische Energie umgesetzt. Da der Hauptteil der Stoßwellenenergie in der Bewegung der Ionen steckt, werden bei diesem Vorgang die Ionen bevorzugt aufgeheizt. Man beobachtet daher bei den Versuchen Anfangsionentemperaturen, die erheblich über den Elektronentemperaturen liegen.

Es läßt sich zeigen, daß unter diesen Bedingungen sehr viel kürzere Einschließungszeiten erforderlich sind, und daß das Auftreten der Instabilitäten, die alle Versuche zur Erzeugung stationären Plasmas bisher behindert haben, weniger ins Gewicht fällt.

Bei den derzeitigen Versuchen, die in England, den USA und Aachen gemacht werden, wurde das Auftreten von Instabilitäten noch nicht beobachtet. Es wird jedoch erwartet, daß Instabilitäten bei längerer Pulsdauer der Entladung sich einstellen und auf die Einschließungsdauer Einfluß haben werden.

Die bisherige Erfahrung zeigt, daß sich bei den Versuchen mit schneller magnetischer Kompression mit relativ kleinen Apparaturen anscheinend wesentlich höhere Ionentemperaturen im Plasma erzielen lassen als mit allen anderen bisher bekannten Versuchsanlagen.

Dabei scheint die Interdiffusion des im Plasma eingeschlossenen Magnetfeldes als zusätzlicher, bisher nicht bekannter Heizmechanismus aufzutreten. Das ins Plasma vor der Kompression eingedrungene und eingeschlossene Magnetfeld stellt magnetische Energie dar, die als zusätzliche thermische Energie in das Plasma übergehen kann. Die Versuche sind jedoch überall noch in den Anfängen, und es ist in diesem Stadium noch nicht möglich, Aussagen über die Brauchbarkeit dieser Methode für die kontrollierte thermonukleare Fusion zu machen.

Sicher trifft zu, was Herr Dr. *Schonland* in seinem Vortrag sagte, daß nämlich ein außerordentlich hoher Aufwand an elektrischer Energiespeicherung notwendig ist, und daß diese Methode, sollte sie zum Erfolg führen, große technische Schwierigkeiten mit sich bringt.

Staatssekretär Professor Dr. h. c. Dr.-Ing. E. h. Leo Brandt

Über die Erfolgsaussichten der in aller Welt angelaufenen Forschungsarbeiten wird uns Herr Dr. *Schonland* seine Meinung sicherlich noch in seinem Schlußwort sagen. Vorweg möchte ich aber die Herren Professor Dr. *Fucks* und Dr. *Jordan* fragen, ob sie den Eindruck gewonnen haben, daß man jetzt auf dem eingeschlagenen Weg dem vorschwebenden Ziel in gewisser Hinsicht näher kommt.

Professor Dr.-Ing. Wilhelm Fucks

Die Faszination des Zieles hat zwei Ursachen. Rein wissenschaftlich ist es schon an sich von hohem Interesse, das Verhalten von Materie bei den extrem hohen Temperaturen im Laboratorium zu studieren, die für die kontrollierte Kernfusion in Frage kommen. Das ist auch vor allem deshalb interessant, weil praktisch die gesamte Materie des Weltalls aus Hochtemperaturplasma besteht. Vom technischen Ziel her gesehen liegt das Interesse an der Plasmaphysik darin, daß, wenn die kontrollierte Kernfusion gelingt, einem Liter Wasser ein Energieäquivalent von 350 Litern Benzin entsprechen würde.

Es erscheint lehrreich zuzusehen, welche Folgerungen aus dem augenblicklichen Stand der Arbeiten zur Plasmaphysik in den verschiedenen Ländern gezogen werden. In England beispielsweise wird ein neues Institut begründet, das etwa die gleiche Zahl von Mitarbeitern haben soll wie die gesamte Kernforschungsanlage des Landes Nordrhein-Westfalen in Jülich, das aber schließlich für Plasmaphysik und Plasmatechnik bestimmt sein wird. Entsprechend groß sind die Anstrengungen in Frankreich an zwei Stellen, in Fontenay-aux-Roses und in Saclay. Es erscheint richtig, daß in Deutschland aus der Situation die entsprechenden Folgerungen gezogen werden.

Professor Dr.-Ing. Martin Kersten

Heute war hauptsächlich die Rede von Hochleistungsreaktoren. Vielleicht interessiert es besonders die hier anwesenden Herren Abgeordneten, von Herrn Dr. *Schonland* einmal zu erfahren, wieviel Personal in England in allen Reaktorzentren an den Forschungsreaktoren insgesamt eingesetzt ist und wie viele Menschen in der zugehörigen Industrie tätig sind.

Professor Dr. phil. Wolfgang Riezler

Das Charakteristische der Plasmaphysik war, daß sie von Astrophysikern entwickelt worden ist, von Leuten, die überhaupt keinen Kontakt zum Wirtschaftsleben oder zur praktischen Anwendung hatten. Dabei ist eine ganze Menge von wissenswerten Dingen herausgekommen. Heute glauben viele Leute – ich meine mit Recht –, daß man mit der Zeit auf diesem Weg zu einer bedeutenden Energieproduktion kommen wird. Man muß allerdings noch viel dazulernen.

Nicht nur Staatsbetriebe, die Zuschußbetriebe sein können, beschäftigen sich mit Plasmaphysik, sondern auch eine ganze Reihe von Privatfirmen. Diese müssen etwas finden, das ihren Betrieb finanziell trägt. Zufällig ist mir eine Firma in Kalifornien bekannt, die das Endziel hat, Fusionsreaktoren zu entwickeln. Damit kann sie aber mit Sicherheit in den nächsten zwanzig Jahren kein Geld verdienen. Diese Firma hat aber ein Gerät entwickelt, das einen engen Plasmastrahl aussendet, mit dessen Hilfe feine Löcher in Wolfram gebohrt werden können. Das rentiert sich, so daß die Firma damit ihre weitere Forschung finanzieren kann.

Sir Basil Schonland C.B.E., F.R.S.

Herr Professor Dr. Fucks und Herr Dr. Jordan, die über Plasmaphysik sprachen, haben verschiedene Punkte aufgegriffen. Die erste Frage bezog sich auf die Stabilität. Hier möchte ich offen sagen, daß wir in England und auch unsere Kollegen in den Vereinigten Staaten und in Deutschland noch keine Antwort auf dieses Problem gefunden haben. Deshalb habe ich vorgeschlagen, den nächsten Apparat, der gebaut wird, nach einem Filmstar zu benennen, der auch immer allein gelassen werden will; wir sollten ihn „Garbo" nennen. Wir möchten nämlich auch gern in Ruhe gelassen werden, um dieses Problem zu lösen. Wir wissen, daß es nicht einfach ist, aber es ist schon sehr gut, wenn man einige Hinweise auf die Schwierigkeiten, die zu lösen sind, bekommt. Einige von diesen Hinweisen, die sehr wichtig sind, haben wir aus Deutschland und Rußland erhalten. Es scheint so, daß dieses Problem nicht unlösbar ist, wenn wir einige Kriterien erfüllt haben. Persönlich glaube ich, daß die Ergebnisse der Forschung auf diesem Gebiet sehr wertvoll sein werden, wenn auch die Forschung unter Umständen längere Zeit in Anspruch nehmen wird, als es vielleicht mancher von uns annimmt.

Wir haben die Laboratorien in Culham aus verschiedenen Gründen aufgebaut. Wir glaubten, daß die Leute dort in einer eigenen Forschungsstätte besser arbeiten könnten, wenn sie nicht mit denen der Technologie, der Technik und der Spaltung zusammen sein müßten. Der zweite Grund war, daß wir keinem den Zutritt zu diesen Laboratorien verwehren möchten, weder aus wissenschaftlichen noch aus militärischen Gründen. Das ist in dem Statut dieses Instituts verankert.

Es klingt immer wieder die Frage an, ob es vertretbar ist, daß wir soviel Geld für diesen Zweig der Forschung aufwenden. Wir setzen die Mittel nicht nur ein, weil die Möglichkeiten auf Grund der Ergebnisse dieser Forschung für die Zukunft und für die zukünftigen Generationen sehr groß sein werden, sondern weil die wissenschaftliche Arbeit häufig Dividenden auf solchen Gebieten abwirft, auf denen man es gar nicht erwartet hätte. Zum Beispiel beobachtet die Elektroindustrie unsere Forschungsergebnisse sehr genau, und wir hoffen, daß auf Grund der fundamentalen Forschungsarbeiten auf dem Gebiet des Plasmas die Elektroindustrie einmal große Gewinne erzielen wird.

Es wurde noch speziell die Frage nach der Größe der Belegschaft der Kraftwerke und Forschungszentren gestellt. In Harwell (einschließlich

Windrith) sind insgesamt 8000 Mitarbeiter, davon 2000 qualifizierte Wissenschaftler mit einem Doktorgrad, 2000 Kräfte verschiedener Qualifikation – das sind entweder akademisch oder anderweitig fachlich ausgebildete Kräfte –, 2000 Facharbeiter und 2000 Verwaltungskräfte beschäftigt. Hinzu kommen die Kräfte für Konstruktion und Entwicklung der Reaktoren. In der Industrie gab es bisher fünf industrielle Konsortien. Ich vermag hierzu nur schätzungsweise zu sagen, daß dort jeweils etwa hundert Wissenschaftler mit Doktorgrad beschäftigt sind.

VERÖFFENTLICHUNGEN
DER ARBEITSGEMEINSCHAFT FÜR FORSCHUNG
DES LANDES NORDRHEIN-WESTFALEN

SONDERVERÖFFENTLICHUNGEN

Aufgaben Deutscher Forschung, zusammengestellt und herausgegeben von *Leo Brandt*

Band 1 Geisteswissenschaften · Band 2 Naturwissenschaften Band 3 Technik · Band 4 Tabellarische Übersicht zu den Bänden 1—3

Festschrift der Arbeitsgemeinschaft für Forschung des Landes Nordrhein-Westfalen zu Ehren des Herrn Ministerpräsidenten *Karl Arnold* anläßlich des fünfjährigen Bestehens am 5. Mai 1955.

GPSR Compliance
The European Union's (EU) General Product Safety Regulation (GPSR) is a set
of rules that requires consumer products to be safe and our obligations to
ensure this.

If you have any concerns about our products, you can contact us on

ProductSafety@springernature.com

In case Publisher is established outside the EU, the EU authorized
representative is:

Springer Nature Customer Service Center GmbH
Europaplatz 3
69115 Heidelberg, Germany